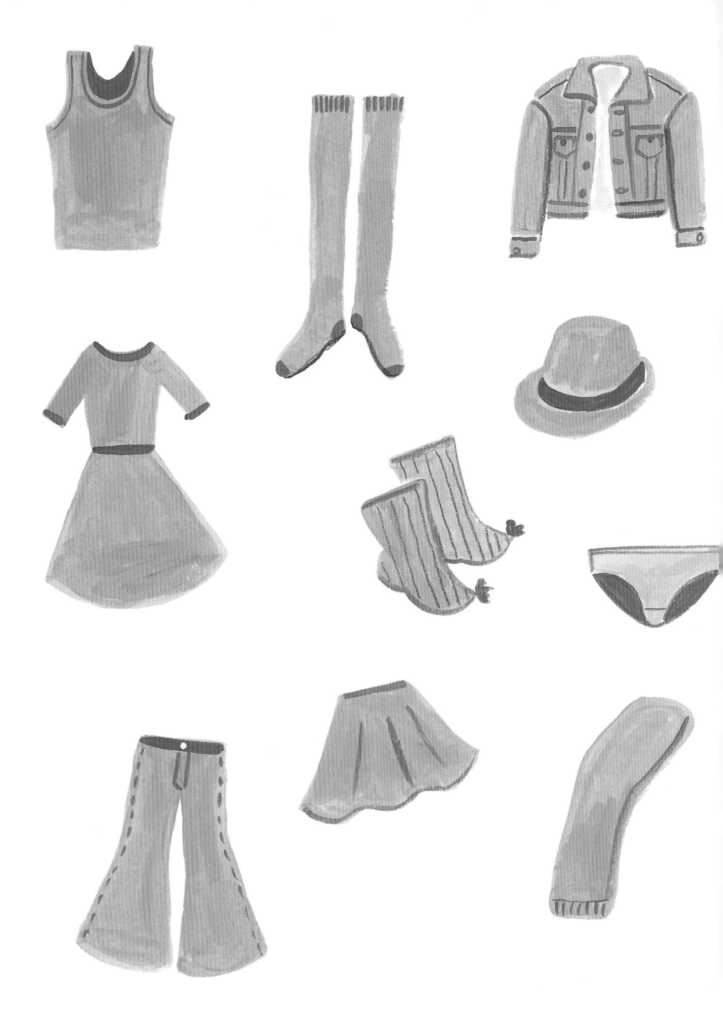

自信满满生活书

# 今天
# 我穿什么呢

[韩] 全美敬 _ 著    [韩] 李海丁 _ 绘    千太阳 _ 译

浙江科学技术出版社

# 目录

看把你给乐的！

尹河

尹伊的孪生弟弟，喜欢时装，但更喜欢烹饪。

除了皮鞋，妈妈的服饰都没我的漂亮。

尹伊

喜欢服饰，不仅喜欢自己穿搭，还喜欢帮别人搭配，对服饰的保管、洗涤和整理有很高的天赋。

尹伊高兴极了，因为今天是爸爸妈妈去旅行的日子。

每当这个时候，尹伊都喜欢做一件事情，那就是整理衣服。妈妈总是埋怨尹伊花太多时间在衣服上，希望她能够适当地克制一下。

可是，尹伊不知道究竟怎样才是"适当地"。

总之，今天家里的所有衣服都将经过尹伊的手。

现在正处于换季的时节，过季的衣服要放到衣柜的深处，而即将穿的衣服则要重新翻找出来。

# 上衣和下装

尹伊将所有衣服都翻了出来。她正在思考该如何处理穿不到的、旧的衣服。另外，她还在挑选能够相互搭配的衣服。很多看似无法搭配的衣服，偶尔也能搭得很好看。每找到一种好看的搭配法，尹伊就会兴奋得手舞足蹈。

## T恤的数量最多

平时穿得最多。

印有一些文字。

样式繁多。用有弹性的布料制作的衣服，穿在身上很舒服。

## 带领子的上衣很有格调

长袖衬衫

系上纽扣后显得非常正式。解开扣子后，又可以当外衣穿在身上。

女式短上衣

多用光滑柔软的材料制作而成，给人一种柔和的感觉。

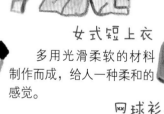

网球衫

多用吸汗、排汗功能强的布料制作而成，因此常在运动时穿。

举手时不应该有难受的感觉。

## 毛衣很暖和

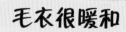

用粗毛线编织而成的毛衣更适合在冬天穿。

夏天也有可以穿的毛衣。这种毛衣通常用非常细的毛线编织而成。

## 各种款式的裤子

**筒裤**

裤腿呈直筒状，膝盖处与裤脚一样宽。不受流行趋势影响。

**紧身裤**

裤腿紧紧地贴在腿上。用有弹性的布料制作而成。

**工装裤**

大腿两侧缝有两个大口袋。

**喇叭裤**

裤腿的形状似喇叭。

**背带裤**

不用担心裤子会掉下去。没有束腰，因此穿着很舒服。

## 连衣裙或连体裤

哇，好漂亮！

**连衣裙**

上衣和裙子连成一体。现在只有女人穿，但以前男人也穿。

走路时不应该有难受的感觉。

**连体裤**

上衣和裤子连成一体。最先穿连体裤的是飞行员。

## 各种款式的半身裙

**喇叭裙**

裙子的下摆很宽，犹如盛开的喇叭花。

★★★
上衣贴身才好看。

**A字裙**

A字形的裙子，腰部贴身，而裙摆向下逐渐变宽。

**褶裙**

裙身有定型褶的裙子。

7

# 外衣

除了夏天，我们出门时往往都会在上衣的外面套一件外衣。春秋时节，白天很热，晚上很冷，因此根据天气变化，我们需要准备各种厚度的外衣。此外，外衣与里面衣服的搭配也要合理。

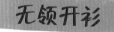

## 无领开衫

前襟开着的毛衣。一般会用纽扣扣住前襟。
它是由叫 Cardigan 的人发明的。

## 马甲

春天和秋天，可以套在外面；冬天，可以穿在外衣里面，起到保暖的作用。

# 冬天最好穿保暖的外套

## 战壕风衣
衣摆很宽并带有腰带。通常用防水的布料制作而成。

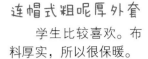
暖暖！

## 棉衣或羽绒服
衣服里的填充物是棉花或羽绒，穿着很暖和。

## 连帽式粗呢厚外套
学生比较喜欢。布料厚实，所以很保暖。

### 大衣
如果想穿得端庄一点儿，可以穿上它。如果在里面穿一件马甲，就会更暖和。

## 夹克
一种下摆只到腰部或臀部的短上衣，适合在春秋时节穿。

夹克既能与裙子搭配，又能与裤子搭配。

## 运动外套
胸围够宽，所以方便活动，比较适合运动的时候穿。有些人喜欢将它作为工作服来穿。

# 袜子、包包、鞋子

你以为穿好衣服就结束了吗？不，我们还需要穿袜子和鞋子。包包虽说是学生的标配，但也可以成为一种时尚元素。尹伊最注重的服饰是袜子，但妈妈总是让她随便穿一双算了。

## 五颜六色的袜子

天气寒冷时，袜子能给我们的脚带来温暖。此外，袜子还能吸脚汗。还有些人认为，在某种场合穿袜子是一种礼仪。

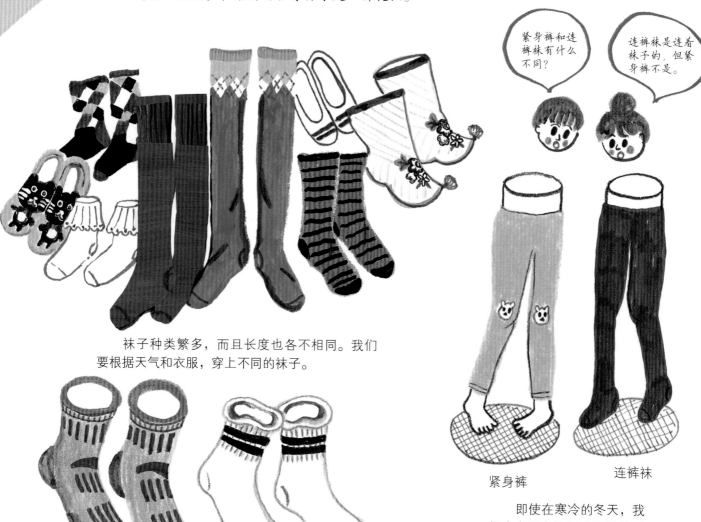

袜子种类繁多，而且长度也各不相同。我们要根据天气和衣服，穿上不同的袜子。

运动时穿的袜子比较厚，因为它们得保护我们的脚。

紧身裤　　　　连裤袜

即使在寒冷的冬天，我们也有要穿裙子或短裤的时候。这种时候，我们就可以穿紧身裤或连裤袜。

## 我喜欢包包

上学的时候，我们需要背书包。

只携带钱包、手机、笔记本等小物件出门时，如果能有一个手提包的话，我们会觉得很方便。

有时，我们也会根据衣服特意挑选一个合适的包包。

## 选鞋子的第一原则是穿着舒服

小时候，你是否有将鞋子穿反的经历？据说，皮鞋最初是不分左右脚的。如果两只鞋子的形状一样，那么这样的鞋子穿起来并不舒服。皮鞋的材质原本就很硬，所以皮鞋穿起来并不会像运动鞋那样舒服。不过，皮鞋也有一个运动鞋无法比拟的优点，即穿皮鞋会给人一种干净利索的感觉。

> 我很少穿皮鞋，记得上次穿皮鞋还是参加演讲比赛的时候。

## 挑选书包的技巧

**书包越结实越好**

如此一来，即使塞再多的书，书包也不会被撑破。

**书包要足够轻**

书就够沉的了，如果书包也很沉，那么我们就背得更累了。

**书包里面要有内兜**

将钱包或笔记本等小物件放到内兜里，需要时我们就可以立即找到它们。

## 如何挑选合脚的鞋子

❶买鞋子时，一定要穿上试试，而且两只脚都要试。如果两只脚的大小不一样，则以大的那只脚的尺码为准。

❷如果脚趾碰到了鞋尖，那说明鞋子小了。我们要挑选比脚长长1厘米左右的鞋子。

❸脚掌感觉紧，就说明鞋子小了。

❹走一走，试试脚后跟会不会疼。

❺要挑选形状跟我们的脚掌相似的鞋子。

❻试穿时就让人难受的鞋子，以后依然会让人难受，所以一定要购买试穿时就感觉舒服的鞋子。

★★★
如果经常奔跑或行走，我们一定要穿鞋底厚实、有弹性的鞋子！

运动鞋是我们平时最常穿的鞋子。

不同的季节和天气，要穿不同种类的鞋子。

夏天穿凉鞋。　　冬天穿暖和的靴子。　　下雨天穿雨靴。

# 首饰、围巾、帽子

有些东西并不属于必需品，但将其穿戴在身上时会给人增添魅力。尹伊尤其喜欢首饰。当然，喜欢归喜欢，她也不至于将首饰挂满全身。

### 首饰只需佩戴一两件

首饰是一种点缀头发、身体及衣服的装饰品，但如果佩戴的数量太多，反而会降低个人的品位。其实，只佩戴一两件首饰，就足以让人眼前一亮。

### 暖和、好看的围巾

脖子冷的时候，身体也会感觉冷。围巾可以裹住脖子和下巴，所以非常保暖。

冬天，我们可以围厚实的羊毛围巾；而春天和秋天，我们可以围材质轻薄的围巾。即使天气不冷，我们也可以为了时髦而围围巾。

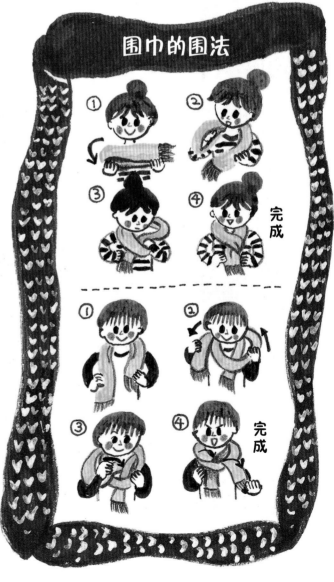

围巾的围法

# 为什么要戴帽子

帽子可以挡风、保暖，保护我们的头部。

帽子可以遮挡阳光，防止头部被暴晒，同时可以保护我们的脸不被晒黑。

当我们摔倒或遇到高空坠物时，帽子可以保护我们的头部不受伤。

有时，戴帽子只是为了好看而已。

# 内衣，一定要穿吗

啊，还以为将所有衣服都翻出来了呢，没想到还有内衣没有被翻出来！

内衣是直接与皮肤接触的衣服。它会在外衣和身体之间起到非常重要的作用。因此，谁不穿内衣谁吃亏。

## 内衣的作用

冬天，它可以保暖；夏天，它可以吸汗，让身体不至于感觉太黏糊，同时还能防止汗水渗透至外衣。此外，内衣还能阻止有害细菌进入我们的身体。即使外衣很粗糙，但只要穿着内衣，就能防止外衣直接接触皮肤。

### 内裤

内裤一定要穿，因为它可以阻止有害细菌进入我们的身体。此外，只要穿了内裤，即使屁股没有擦干净，大便也不会沾到外裤上。

### 短袖运动衫

吸水性强。在炎热的夏天运动时，它可以有效吸收汗水。

> 既暖和又舒服。

### 保暖内衣

在寒冷的季节，保暖内衣可以起到很好的保暖作用。

# 内衣的正确穿法

**要合身**

太小会让人不舒服，太大会让人不好看。

**每天都要更换**

内衣每时每刻都在吸收人体排出的汗水和油渍，因此很容易变脏。

**挑选和外衣相配的内衣**

夏天穿的外衣太薄的话，就有可能透出里面的内衣。穿白色裤子时，如果透出了里面的蓝色内裤，就会很难看。当然，你要是觉得这样好看，也可以这样穿。

## 女人的内衣——文胸

进入青春期后，女孩子的乳房会渐渐隆起。这个时候她们就会穿上文胸，将乳房裹住。

文胸是一种支撑乳房的内衣。不过在穿文胸之前，我们需要先测量胸围和乳房的大小，以购买尺码合适的文胸。由于穿文胸会使胸部有勒紧感，给人带来烦闷的感觉，所以很多成年女性都不喜欢穿文胸。

妈妈在外出时才穿文胸。

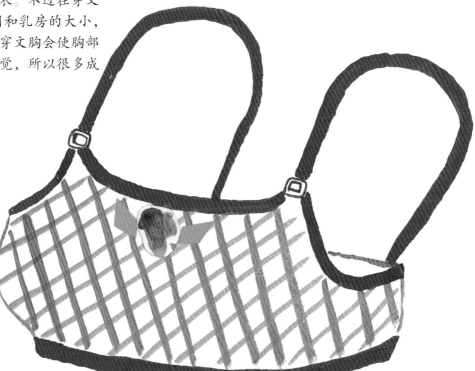

# 衣服是用什么做的

最初，人们用植物的叶子或动物的皮毛做衣服。后来，人们用从动植物身上抽取的"丝线"做衣服。

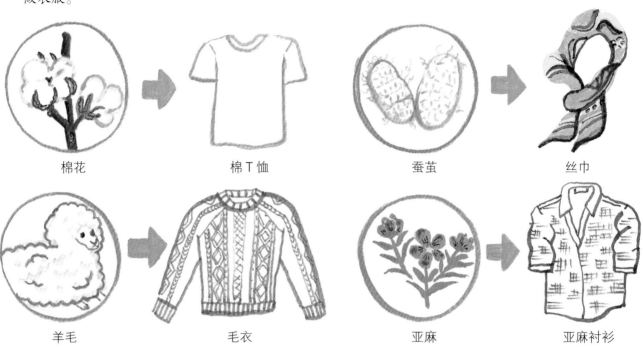

棉花      棉T恤      蚕茧      丝巾

羊毛      毛衣      亚麻      亚麻衬衫

如今，制作衣服的技术得到了长足的发展，人们已经可以利用人工化合物来织布了。

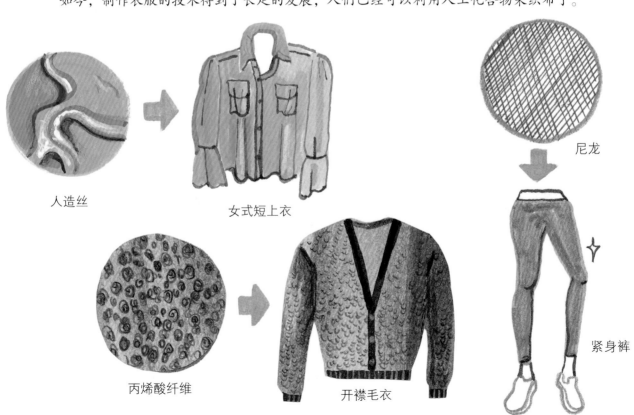

人造丝      女式短上衣      尼龙

丙烯酸纤维      开襟毛衣      紧身裤

# 布是如何做出来的

布是由纱（线）织出来的。那么，一条条纱（线）是如何变成宽宽的布的呢？答案是将纱（线）编织起来。

## 机织物

织物是由纱（线）编织而成的。用经纱和纬纱编织出来的布，称为机织物。如果只用一条经纱和一条纬纱，则可以编织出薄布料；如果用多条经纱和相同数量的纬纱，则可以编织出厚布料。

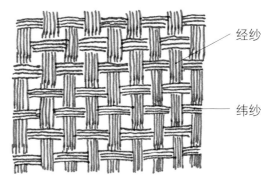

经纱

纬纱

## 针织物

只用一条纱（线）编织而成的布，称为针织物。例如，拆开一件毛衣，你会发现它其实是由一根毛线编织而成的。

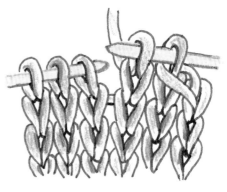

哎呀！

哇，好神奇！

## 我不喜欢毛皮大衣

动物的皮毛很漂亮、很保暖。但是为了制作人类的衣服，不断有水貂和浣熊遭到猎杀，兔子和羊也常因丢失体毛而哀号。然而，哪怕没有动物的皮毛，人类依然可以制作出保暖的衣服。

# 会穿衣服的表现

　　怎样才算会穿衣服？穿上最近流行的就一定好看吗？确实有可能。不过，真正懂得穿衣服的人，会因时因地选择合适的服饰。尹伊每天穿衣服前都会思考今天要去哪里、要做什么事情，同时，还会注意季节和天气。只有这样，她才不会因太冷或太热而受罪。

# 符合场合的着装

**学校**

上学的时候要尽量穿得整洁一点儿。由于要在学校待很长时间,得穿方便行动的衣服。

**郊游**

去郊游时,最好戴遮阳帽,并穿舒服的运动鞋。如果想尽情地游玩,那么必须穿方便活动的衣服。

**生日派对**

因为要参加派对,所以可以打扮得稍微华丽一点儿。不过,穿得太夸张也不合适,毕竟我们还要跟朋友们一起玩耍。

**骑自行车**

骑自行车时,我们不能忘记穿戴安全装备。裤腿太宽的裤子有可能会碰到自行车的链子,所以此时我们要穿紧身、有弹性的衣服。

**家**

在家中,要穿舒适的家居服,睡觉时要穿睡衣。

游泳时要穿泳衣。

练跆拳道时要穿跆拳道服。

若穿着泳衣或睡衣去参观美术展,就太尴尬了。此外,穿跆拳道服也不合适。

## 夏天

夏天要穿透气性好的衣服。即使被汗水浸湿，透气性好的衣服也会马上就干。

## 春天·秋天

春天和秋天是不冷不热的季节，但是有时候白天会很热，晚上又会有点儿凉。这个时候，我们要准备一件外套，以备不时之需。

我的胳膊伸不开了。

## 冬天

冬天最重要的是要穿得暖和。不过，也不能穿得太厚实，不然很难活动。最好的方法是多穿几件薄衣服。

# 符合天气的着装

下雨天

下雨天，天气阴沉，视野也会变得昏暗，因此出门时我们要穿颜色鲜艳的衣服。最好是穿黄色或白色的衣服。此外，尽量避免穿拖地的衣服，因为这种衣服很容易湿。

下雪天

下雪天要穿鞋底有防滑纹路的鞋子。走路时如果一直将手揣在兜里，我们就可能会因滑倒而受伤。因此，我们要戴上手套，将手从兜里拿出来。

# 要灵活运用色彩

有一种方法可以让你显得更加时髦，那就是搭配好服饰的颜色。不过，这并不意味着上下装的颜色要统一。

### 搭配相近的颜色

搭配相近的颜色会给人一种浑然一体的感觉，从而显得人非常干练。深色会显得人很沉稳，而浅色则会显得人很雅致。穿衣服时，我们可以用相同色系中较深的颜色来进行点缀。这里的点缀是指在极少的部分使用更突出的颜色。鞋子、包包、腰带等东西都可以用来做点缀。

## 搭配相同的颜色会显得太过单调

搭配相同的颜色会显得太过单调，但搭配上对比色，可以让人更加活泼、开朗。不过，缺点是可能会因引起人们的关注而令有些人认为你的打扮太过于花里胡哨。

心情愉悦才是最重要的。

但我还是喜欢在冬天穿冷色的衣服。

## 灵活运用冷色和暖色

蓝色会让我们联想到大海和天空。

看着蓝色，你是不是有一种凉爽的感觉？因此，它是冷色。

红色会让我们联想到火焰，很炙热，所以它是暖色。

在炎热的夏天，如果穿上白色、蓝色、淡绿色的衣服，就会感觉很凉爽；在寒冷的冬天，如果穿上红色的衣服，就会感觉非常暖和；在秋天，如果穿上枫叶红的衣服，就会感觉非常温柔。

# 底纹和设计

衣服上的底纹会比单纯的色彩更能增添趣味。有些底纹模仿自然事物，有些底纹是重复的线条或图形，但即便是相同的底纹，如果大小不同，也会给人截然不同的感受。

花朵纹　　　　　　雪花纹　　　　　　虎皮纹

不过，上身和下身都有底纹会让人眼花缭乱，因此只在上身或下身穿有底纹的衣服才能显得与众不同。

横条纹　　　　　　竖条纹　　　　　　格子纹

横条纹会让身体显得更壮实，竖条纹则会让身体显得更修长。身体并没有发生变化，但是底纹会让人产生错觉。

我的身体怎么了？

波点纹

菱形格子纹

底纹上的图案太大会显得人更壮实。想要身体看起来更壮实的人穿这类衣服会很好看。

我喜欢条纹或格子纹。

我喜欢花朵纹、波点纹、格子纹……啊，我全都喜欢，怎么办？

身体和脸蛋都好看的话，我们就能穿得更加好看！

有些人会劝个子矮的人穿一些显高的衣服，还说脸蛋黑的人穿白衣服会显得更黑。

可是个子不高就一定是坏事吗？难道脸蛋黑就等于难看吗？

如果一味地遮掩别人认为不好看的地方，我们就会失去穿衣服的乐趣。在我看来，穿自己喜欢的衣服才是最好的。

# 相同的衣服，不同的感觉

　　想穿出时髦的感觉，不一定要有足够多的衣服。毕竟我们无法收集所有的流行款式，而且所谓的流行很快就会变得落伍。哪怕现在大家都很喜欢这些款式的衣服，但过一阵子就会觉得它们不好看。此外，小孩子的身体长得飞快，当前正在穿的衣服很快就会因为小而穿不上。用同一件衣服穿出多种截然不同的感觉——这是尹伊的天赋！

# 衣柜里有它，你就不会感到心慌

**牛仔裤**

　　除了特别冷或特别热的时候，我们都可以穿。另外，男女老少都适合。

**白衣服**

　　无论何种颜色、何种底纹的衣服，都与白衣服很搭。但有一点很重要，穿在身上的白衣服一定要干净。

**连衣裙**

　　懒得挑选衣服时，我们可以穿连衣裙。无论是平时，还是出门旅游时，连衣裙都很合适。

　　你是不是因为不知道该穿什么衣服而烦恼？有些衣服正是为了应付这样的情况而存在的。这些衣服很少受流行趋势的影响，而且与大部分风格的衣服都很搭。

你穿得好整洁啊，难道是要去上学？

莫非你是要去公园？

没人规定芭蕾舞裙只能在跳芭蕾舞的时候穿啊？

我是不是穿得有点儿过了？

## 叠穿法

　　真正懂得时尚的人都会叠穿衣服。
　　无花纹的衣服要搭配有花纹的衣服，鲜艳的色彩要搭配稳重的色彩。不过，一下子叠穿太多往往会显得很奇怪。但如果想将喜欢的好几件衣服都穿在身上，那么可以选择叠穿。因为哪怕别人嘲笑你，你也可以理直气壮地对他们说："什么？难看？那是你不懂时尚！"

# 人为什么要穿衣服

狮子或大象是不穿衣服的，哪怕是生活在寒冷的北极的北极熊和生活在南极的企鹅，也都是不穿衣服的。为什么只有人类要穿衣服呢？因为我们身上的毛很少。相比之下，动物们的身上长满了茂密的毛，所以它们即使不穿衣服，也能抵御寒冷。

什么？你说大象身上也没有多少毛？说得对，所以大象生活在炎热的地方。如果人类不穿衣服会怎么样呢？如果不穿衣服的话，人类就只能生活在一年四季都很温暖的地方，这样地球上适合人类生活的地方就很少了。为了生活在寒冷的地方，人类不得不学会穿衣服。

# 穿衣服是为了保护我们的身体

为了阻挡寒冷的风和炙热的阳光。

为了防止被虫子叮咬或被叶片割伤。

为了防止工作的时候受伤。

为了防止在碰撞或摔倒后受伤。

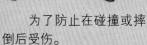

为了遮挡不方便给别人看的部位。

# 衣服可以表达很多内容

伤心时，我们会穿黑色的衣服。因为黑色代表哀伤。

高兴时，我们会穿颜色鲜艳的衣服。因为鲜艳的颜色代表喜悦。

衣服也可以显示人的职业。保安等都有属于自己的制服，因为只有这样，人们才能一眼认出他们。

衣服的功能是不是很多？

# 洗衣服是一门学问

衣服已经都被翻出来了，现在尹伊开始整理了。她最先做的事情是洗衣服。在保管衣服前，要先将它们洗干净。脏兮兮的衣服长期不处理，就会受损。洗衣服是为了去除衣服上的脏东西和异味。

**洗涤剂**

去除各种无法用清水洗干净的污渍。

★★★
使用洗涤剂时最重要的是确定用量。用量标准一般都印在洗涤剂的包装上。

**漂白剂**

洗发黄或有顽固污渍的白色衣服时使用。由于可能会损伤衣物，所以要慎用。

★★★
有些洗涤剂是不能用手直接触摸的。使用时请先阅读说明书。

**去污剂**

可以将其涂抹在领子或袖子等污渍较多的地方。

**肥皂**

普遍为固体，通常用于手洗。肥皂去污能力强，不过，用冷水洗时，其去污能力会有所下降。

**洗衣粉**

即使用冷水洗，也有很强的去污能力。缺点是会在衣服上残留粉末状残渣。

**液体皂**

易溶于水，而且也不会留下残渣，但去污能力相对较差。

**中性洗衣液**

洗毛衣、丝袜等容易破损的衣物时使用。

**力度**

借助揉捏、揉搓、敲打的力度，使洗涤剂和水能够有效去除污渍。

**搓洗**

衣服上污渍较多时，可用双手直接搓洗，或将衣服放在搓衣板上搓洗。

**用脚踩着洗**

将被子等大型物件泡在盆里，并用脚踩着洗。不过，只要是能放进洗衣机里的物件，还是尽量用洗衣机洗吧。

**用刷子刷**

鞋子或衣服上的顽固污渍要用刷子刷。

**用手晃着洗**

易破损的衣物要在水中晃着洗。

**揉捏着洗**

丝袜或手绢等东西要轻轻地揉捏着洗。

**按压着洗**

毛衣等容易起球的衣服要放在倒有洗涤剂的水中用力按压着洗。

**煮衣服**

白色纯棉的内衣或手绢等要偶尔放在水中煮一煮。这样不仅可以将它们洗得更干净，还能起到杀菌消毒的作用。不过，这种方法很危险，所以让大人去做吧。

30

# 洗袜子

准备物品

盆

肥皂　晾衣架

**3** 将肥皂均匀地涂抹在袜子上，然后双手抓着袜子的两端上下搓揉。另一只袜子也用同样的方法洗。

**2** 将袜子泡在水中。

哎呦，我的腰啊！手洗衣服过程中最累的是漂洗。

**1** 用盆接水。水不宜过冷或过热。

嚓嚓　嚓嚓

**4** 用水漂洗，漂洗四五次，直至水清为止。

**5** 漂洗好之后，双手捏住袜子的两端，拧干水。

**6** 晾到晾衣架上。

31

# 用洗衣机洗衣服

★★★
**波轮洗衣机**
洗衣机的门在上方。洗衣筒会顺时针或逆时针转动，形成强力水流，从而达到去污的效果。

**滚筒洗衣机**
洗衣机的门在侧面。借助滚动时衣服从上方坠落的力量达到去污的效果。

## 在放入洗衣机之前

### 确认衣服是否能用洗衣机洗

　　T恤、牛仔裤、袜子等大部分不会缩水的衣服，都可以用洗衣机洗。毛皮、羊毛、丝绸等材质的衣服，不可以用洗衣机洗，因为它们有可能会被泡烂或缩水。如果不知道该怎么洗，可以看看衣服上的标签。

可以用洗衣机洗的衣服标签上会有洗衣机形状的标志。

衣服内侧的缝合线上会有标明洗衣方法的标签。

### 深色的衣服和浅色的衣服要分开洗

　　如果一起洗，浅色衣服会染上其他颜色。毛巾、内衣要和浅色的衣服一起洗。

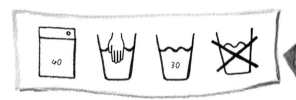

跟红色的衣服一起洗，所以染上了红色。

★★★
有颜色的衣服要分开洗，否则衣服之间会串色。

### 使用洗衣袋

　　布料薄的内衣或带有装饰的衣服要放进洗衣袋里。洗衣袋可以保护这些衣服不受损。

### 太脏的衣服要单独洗

　　太脏的衣服可以用倒有洗涤剂的水泡一段时间后再洗，这样会洗得更干净。

先看看兜里有没有东西。

我去做咖喱饭。

### 有污渍的衣服要浸泡

　　在有污渍的地方涂抹能去除顽固污渍的去污剂，浸泡一段时间后再洗。

**❶ 将衣服放入洗衣机** 放入洗衣机 **❷ 按下电源按钮，调整水位**

洗衣机里塞得太满的话，衣服就很难洗干净。想洗干净衣服，就要使水和衣服都能在洗衣机里快速移动。

根据衣物的量调整水位。有的洗衣机会根据衣物的量自动调整水位。

**❸ 加入洗涤剂**

水量多就多加点儿洗涤剂，水量少就少加点儿洗涤剂。用量标准通常都印在洗涤剂的包装上。

洗衣粉

**❹ 按下开始按钮**

确认一下有没有关好洗衣机的门。此外，还要确认洗衣机里有没有小猫。

**❺ 衣服洗好后及时晾晒**

马上把衣服挂起来晾干。如果衣服长期放在洗衣机里，那么即使干了，衣服上的褶皱也不会消失。

## 洗衣机管理方法

❶洗好后要拔下插头，这样既可以节约用电，也不用担心小猫会按下按钮。

❷关上水龙头。

❸打开盖子，让洗衣桶保持干燥。如果里面残留了水渍，则很可能会发霉。

# 刷鞋子

用洗衣机洗衣服的时候，可以整理一下鞋子。虽然尹伊有点儿讨厌做这件事情，但她还是决定洗一洗自己的室内鞋，并将爸爸妈妈的皮鞋也擦一下。

## 刷室内鞋的方法

❶ 准备带有盖子的塑料桶。

❷ 在塑料桶中倒满热水。

❸ 将能去除顽固污渍的洗涤剂倒入水中，搅拌一下。

❹ 将室内鞋浸泡在水中。

30分钟

❺ 盖上盖子，等待30分钟左右。

❻ 捞出室内鞋，再用刷子仔细刷一刷脏兮兮的鞋面。

❼ 刷干净后，将室内鞋放入洗衣机里漂洗、脱水。

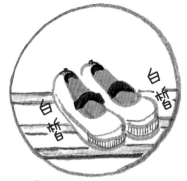

❽ 将室内鞋放在通风的地方晾干。

尹河，快把你的室内鞋也拿过来。对了，下周该轮到你帮我刷鞋子了。

## 擦皮鞋的方法

① 戴上手套，以免弄脏手。

② 先用刷子将沾在皮鞋上的灰尘、泥土刷掉。刷的时候要先从最干净的地方开始刷，最脏的部分则放到最后刷。

③ 均匀地涂抹鞋油。

★★★
黑色皮鞋要抹黑色鞋油，棕色皮鞋要抹棕色鞋油，白色皮鞋要抹透明鞋油！

④ 用刷子仔细地刷一刷。

⑤ 如果想将皮鞋擦得锃亮，就用柔软的布条将鞋面仔细地打磨一遍。

## 整理鞋柜的技巧

个子高的人的鞋子要摆在鞋柜的上方，个子矮的人的鞋子则要摆在鞋柜的下方。

鞋子不能堆在一起。长期被压在下方的鞋子可能会变形。

在皮靴里塞塑料瓶可保持其形状不变。

啪 啪

放入鞋柜之前，一定要先将鞋子上的灰尘或泥土抖掉。

## 去除鞋子臭味的方法

脚汗流得多，会导致鞋子发臭。可是对于只穿过一次的鞋子，我们无须再洗一次，这时就要用其他方法来去除鞋子上的臭味。

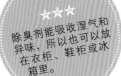

① 准备好除臭剂和布袋。

② 将除臭剂放到布袋里。

★★★
除臭剂能吸收湿气和异味，所以也可以放在衣柜、鞋柜或冰箱里。

③ 将布袋放到鞋子里。

# 适合晾衣服的日子

每当遇到天气晴朗、阳光明媚的日子，爸爸就会说：
"哇，今天晒衣服的话，肯定一会儿就能干。"
第一次听到这句话时，尹伊笑得前俯后仰。
因为爸爸是家中负责洗衣服的人。
"爸爸，你怎么不说今天是适合去郊游的日子呢？"
"我们可以洗完衣服后再去嘛。"
如今，尹伊也会说跟爸爸一样的话了。
被阳光晒干的衣物会散发出太阳的味道。

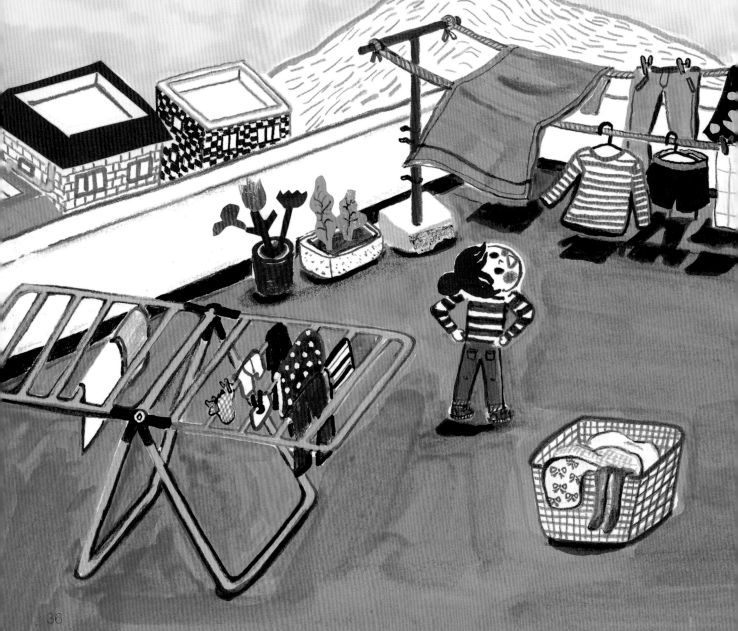

## 脱水

★ 用洗衣机洗衣服时会自动脱水。

★ 烘干机可以迅速地将衣服烘干。

★ 用手洗衣服时，我们需要用手将水拧干。

袜子、毛巾等结实的东西，可直接用手拧干。

一些材质薄、容易受损的东西，可挂在洗衣房或浴室里，让它们自行脱水。

厚实的毛衣，可用毛巾包裹起来脱水。

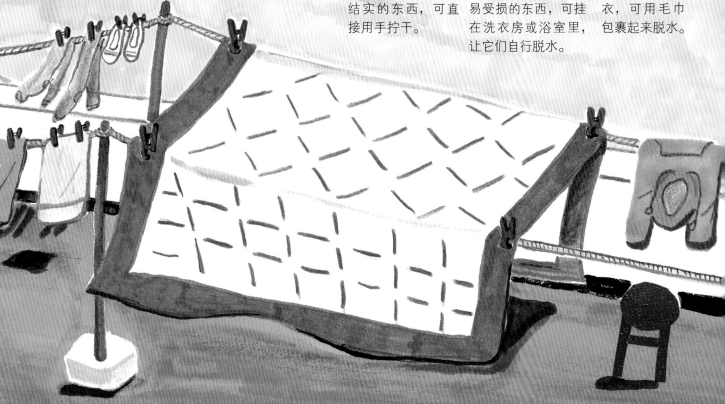

## 洗好的衣服要抖一抖

晾衣服之前，我们要将洗好的衣服用力抖一抖。如果我们直接将皱巴巴的衣服挂起来，那么晾干之后衣服仍然是皱巴巴的。记住哦，一定要用力地抖一抖！

## 衣服要晾在哪里

洗好的衣服要晾在通风、采光好的地方。院子、楼顶、阳台等地方都适合放晾衣架。不过，有颜色的衣服受到阳光的直射后可能会褪色，所以要晾在阴凉干燥的地方。雨季或下雨天，可以将衣服晾在屋内，或用电风扇将衣服吹一吹。

# 晾衣物

知道晾衣物的关键是什么吗？那就是让衣物尽快干透。如果长时间晾不干，衣物会散发出难闻的异味。想让衣物干得快，首先，衣物要挂在通风的地方；其次，衣物不能重叠；最后，衣物要挂得整齐，不能有褶皱。

## 衣服之间要有一定的距离

晾衣服时，衣服之间要有一定的距离，至少要间隔10厘米。此外，晾衣架要放在通风的地方。不通风的话，衣服会干得很慢。将大衣服和小衣服交替着晾会比较好。

## 观察标签

衣服的标签上往往标注着一些需要注意的事项。

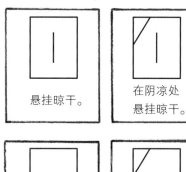

| | |
|---|---|
| 悬挂晾干。 | 在阴凉处悬挂晾干。 |
| 平摊晾干。 | 在阴凉处平摊晾干。 |

## 晾裤子

晾裤子时，要先将裤子抖一抖，再竖着叠一下、横着叠一下，然后用手轻轻拍打一遍。只有这样，晒干后的裤子才会平整。最后，用裤夹夹住裤腰，这样裤腰里就能通风，裤子就会干得很快。

## 晾衬衫

晾衬衫时，要将衬衫上的纽扣都扣上。只有这样，晒干后的衬衫才会平整。若实在懒得扣纽扣，可以只扣最上面的那颗。

## 晾连帽衣

连帽衣可以直接晾在晾衣架上，不需要使用衣架，这样可以防止帽子垂落下来后与后背处重叠。

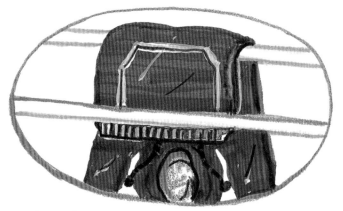

## 晾毛巾

晾毛巾时，要先将毛巾用力抖一抖，再用双手捏住毛巾的两边使劲向外拉一拉。只有在晾干之前弄平整，晾干之后的毛巾才会四四方方。

## 晾毛衣

洗好的毛衣要平铺在阴凉干燥的地方。将毛衣挂在衣架上会使毛衣变形。

## 晾袜子

晾袜子时，袜口要朝上。

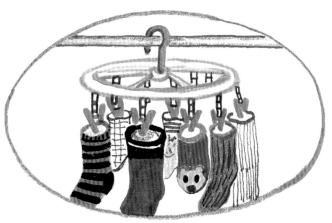

## 晾被子

被子往往都很厚，所以不容易晾干。可以用两根长杆将被子晾在通风的地方。

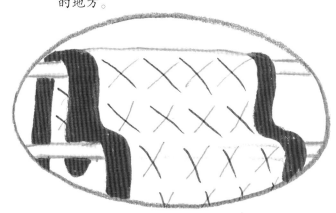

晾好的衣服要叠起来。

# 叠衣物

整理衣物的过程中，最让人觉得麻烦的是什么？想必绝大多数人的答案都是叠衣物。尹伊也觉得叠衣物最无趣了。但是若不好好叠，等到需要时就会很烦恼，因为衣物都变得皱巴巴的了。对于喜欢衣服的尹伊来说，这是绝对无法容忍的事情。

整理衣服的注意事项

经常穿的衣服要挂在衣架上，其他衣服则要叠好放在衣柜里。衣柜里能放很多衣服。

最先从哪件开始呢？

挂在衣架上的衣服要像我们平常穿着时一样有型。

放入衣柜中的衣服要叠整齐。

若将所有衣服都堆放在一起，那么找衣服穿时往往很难及时找到想穿的。

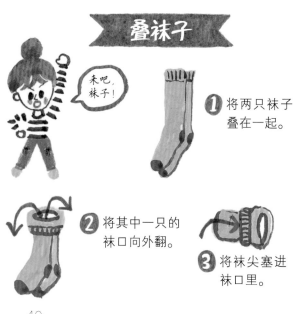

叠袜子

来吧，袜子！

❶ 将两只袜子叠在一起。

❷ 将其中一只的袜口向外翻。

❸ 将袜尖塞进袜口里。

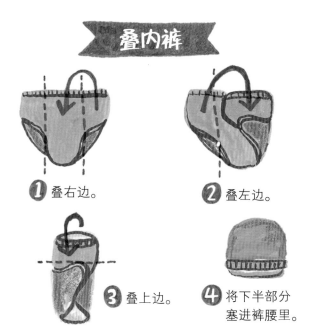

叠内裤

❶ 叠右边。

❷ 叠左边。

❸ 叠上边。

❹ 将下半部分塞进裤腰里。

① 背面朝上，铺平。

② 将垫板放在背面的中央。

③ 左右各叠一次。

④ 将下摆叠上去。

⑤ 抽出垫板。

⑥ 横着再叠一次。

完成

---

**叠裤子**

① 将两只裤腿叠在一起，使裤子的背面朝上。

重复

② 对折一次。继续对折，直到能够放进衣柜里。

---

**叠裙子**

① 将裙子从右往左叠一下。

② 再从左往右叠一下，使裙子变成四方形。

③ 将裙摆塞进裙腰里。

---

**叠毛巾**

① 对折一次。

② 再对折一次。

③ 再对折一次。

# 收纳衣服

叠好衣服之后，要将它们放到衣柜里。收纳衣服的好处在于防止衣服被弄脏，同时我们也能马上找到想穿的衣服。

## 同类衣服要放在一起

内衣要和内衣放在一起，上衣要和上衣放在一起，裤子要和裤子放在一起。只有这样，我们才能在需要的时候迅速找到它们。

## 如何将衣服放进抽屉里

衣服太多，无法将它们都挂起来时，可以将它们放进抽屉里。抽屉里其实可以放很多衣服。不过，将衣服放到抽屉里时，我们要竖着放。如此一来，我们才能一眼看到所有衣服。若一件件平铺着叠放，我们很难立刻知道里面放的是什么衣服，也就想不好要穿哪件衣服。此外，平铺放还有一个缺点，即当我们翻找下面的衣服时，上面的衣服有可能会被弄乱。

## 需要挂在衣架上的衣服

    一些叠起来会有褶皱的衣服要挂在衣架上。像大衣、西服这种如果有褶皱就无法穿的衣服也要挂在衣架上。将衣服挂在衣柜里时，我们也要对外套和衬衫等进行分类，要将同类衣服挂在同一个区域里。最好拉上衣服的拉链或扣上衣服的扣子。

★★★
只扣最上面和中间的两颗扣子。

## 保管袜子和内衣

    内裤、袜子等体积小的东西要放在有格子的收纳盒里。

## 穿过的衣服要单独存放

    穿过一次，但还能再穿几次的衣服，不能和其他干净的衣服放在一起，而要单独放在别的地方，因为它们可能会将干净的衣服弄脏。我们可以将它们挂在单独的衣架子上或衣柜里。

## 小心虫子和湿气

    衣服也可能会生虫。尤其是毛料或丝质的衣服，经常会被虫子咬出洞来。不过，我们可以事先将防虫剂放到抽屉或衣柜里。另外，还可以放入防潮剂，防止衣服受潮发霉。每当雨季结束后，我们要打开衣柜和抽屉，将里面的衣服拿出来晾晒一下。

啊——啊——

# 缝衣服

尹伊喘了口气，接着掏出了针线盒。只是一件衣服的缝合线裂开了而已，她完全可以自己将它缝合起来。

五岁的时候我就想缝衣服了，可是妈妈说只有等到八岁才可以。

## 缝衣服需要的工具

**皮尺**
用来量腰围等。

**针眼**

**针**

**穿针器**
给针穿线时使用。

**定位针**
用来固定布料。

**线**

**画粉**
在布料上画线条或图案。

**尺子**

**针插包**
用来插针（包括定位针）。

**金属顶针**　**皮质顶针**

**顶针**
缝衣服时可以保护手指。

**剪刀**
用来裁剪布料。

**修线剪刀**
用来剪线头。

# 穿线

## 直接穿

① 斜着将线头剪尖。

② 拇指和食指捏住线头并捻一捻。

③ 将针拿到眼前，然后将线头穿进针眼里。

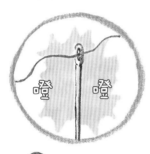

④ 将穿到另一头的线头拉出来。

## 用穿针器穿

① 将穿针器穿到针眼里。

② 将线头穿到穿针器中。

③ 将穿针器从针眼里拉出来。

# 打结

穿好线后要打结，防止线头从针眼里跑出来。

① 拇指和食指捏住线的两端。

② 将线绕着食指缠一圈。

③ 拇指和食指捏着线头向前搓，将线打成结。

④ 完成！

# 基础针线活儿

## 平针缝

最简单的手缝针法。通常用于连接两片布。

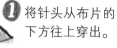

① 将针头从布片的下方往上穿出。

② 在左前方约0.5厘米处从上往下穿入。

③ 在左前方约0.5厘米处从下往上穿出。

④ 继续向左侧前行。

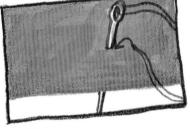

别被针扎到，要小心。

呜呜呜

## 回针

## 回针缝

回针缝是最坚固的缝针法。回针缝分为回针和半回针。

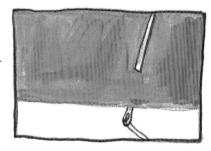

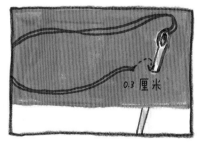

① 将针头从布片的下方往上穿出。

② 在右前方约0.3厘米处从上往下穿入。

0.3厘米

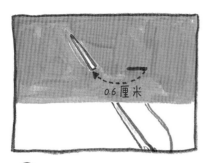

③ 再从左前方约0.6厘米处从下往上穿出。

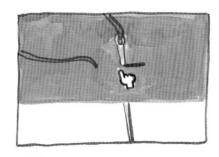

④ 从最初穿出的针孔穿回去。

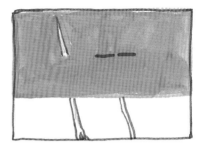

⑤ 再从左前方约0.6厘米处从下往上穿出，继续缝下去。

## 半回针

半回针只回退一半针距。

背面

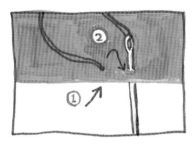

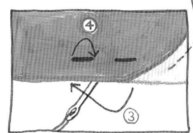

★★★
觉得回针缝很难吗？你可以重复两次平针缝。先从右到左缝一次，再从左到右缝一次。

## 打结

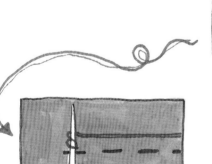

① 将针头放在想要打结的地方。

② 用线在针头上绕圈。

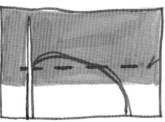

③ 用手指摁住线圈，将针抽出来。

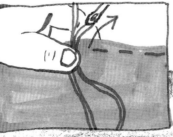

④ 用修线剪刀将线剪断。

完成

# 制作袜子娃娃

尹伊不是无缘无故拿出针线盒的，她打算用破了的袜子制作一个娃娃。尹伊已经看了制作娃娃的教程好几遍，觉得制作娃娃并不是很难。她已经做好了挑战的准备！

我有信心能做出来。

**准备物品**

破了的漂亮袜子

签字笔

剪刀

线

针

棉花

黑色纽扣

① 将白色的袜子摊开，用签字笔在上面画小猫的脸。

② 用剪刀剪出小猫的脸，然后用针、线沿着小猫的脸缝一圈。

塞棉花并不容易，因为要一直塞，塞到实在塞不进为止。

③ 缝好后将袜子翻过来，再从小猫的脖子处塞入大量棉花。如果缝得不够紧密，棉花可能会从缝隙里钻出来。

④ 拿出另一只袜子，摊开，画上小猫的腿，然后沿着小猫的腿缝一圈。

⑤ 剪出小猫的腿。

⑥ 将棉花塞进小猫的身体里，再将小猫的脖子部分收紧并缝起来。感觉太难的话，就找大人帮忙。

⑦ 用另一只袜子做出小猫的两只手臂。

⑧ 用针、线将小猫的头部和身体连接起来。这个时候也可以找大人帮忙。

⑨ 将手臂和身体缝到一起。

⑩ 在眼睛部位缝上两颗黑色纽扣。

比预料的还难。尤其是缝纽扣，太难了！我得勤加练习！

49

# 缝纽扣

尹伊拿出了装纽扣的盒子。买衣服的时候，往往会免费得到几颗纽扣，这是备用纽扣。尹伊一直将这些纽扣存着。盒子里有很多好看的纽扣，所以尹伊偶尔也会拿它们当玩具。不过，尹伊今天拿出这些纽扣是为了练习缝纽扣。

纽扣的种类实在是太多了。

## 用途不同，大小和形状也千差万别

**大衣的纽扣**

衣服厚，所以用在上面的纽扣比较大。

**女士短上衣的纽扣**

女士短上衣或衬衫等衣服的材质很薄，所以用在上面的纽扣大多很小、很薄。

**子母扣**

摁下去后会夹得很紧。纽扣不会露在外面，所以不用担心纽扣碍事。

**牛仔裤纽扣（工字扣）**

牛仔裤的材质很坚韧，所以用在上面的纽扣也很结实。

**牛角扣**

因长得像牛角而得名。多见于厚实的大衣上，代替普通纽扣使用。

## 纽扣的材质多种多样

**人造宝石扣**

镶有闪闪的玻璃珠，所以显得非常华丽。一般作为装饰品使用。

**金属扣**

牛仔衣和牛仔裤上得搭配金属扣。

**木扣**

很多木扣的形状很可爱。

**珍珠扣**

妈妈的针织衫显然更适合用珍珠扣。

**布包扣**

用漂亮的布包起来的纽扣。缝在背包上会很好看。

## 缝纽扣的方法

### 缝四眼扣

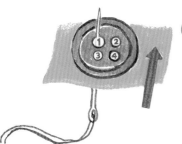

❶ 针从布料的下方穿到上方，然后穿过①号眼。

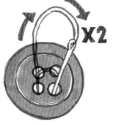

❷ 针从②号眼穿下去，再从①号眼穿上来。重复缝一次。

❸ 用同样的方法在③号眼和④号眼之间缝两次。

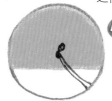

❹ 将针穿到布料的下方，然后打结。

### 缝高脚扣

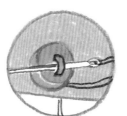
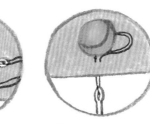

❶ 针从布料的下方穿到上方，再穿过高脚扣的眼。

❷ 将针穿到布料的下方。

❸ 这时纽扣要松一些，不能紧贴在布料上。

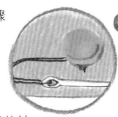

❹ 重复步骤❶和❷。

❺ 将针穿到布料的上方，并从扣子的下方抽出来。

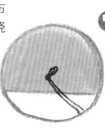

❻ 将带着线的针围着扣子和布料中间的线绕几圈。

❼ 将针穿到布料的下方，然后打结。

# 让人赏心·悦目的穿法

尹伊终于将衣服整理完了。看着放得整整齐齐的衣服，尹伊很有成就感。尹伊认为整理好自己的衣服并将衣服穿在身上，就是爱自己的表现。接下来就是尹伊最喜欢做的事了，那就是随心所欲地穿自己喜欢的衣服！

**图书在版编目（CIP）数据**

今天我穿什么呢 / （韩）全美敬著；（韩）李海丁绘；
千太阳译. — 杭州：浙江科学技术出版社，2021.6
（自信满满生活书）
ISBN 978-7-5341-9314-9

Ⅰ.①今… Ⅱ.①全… ②李… ③千… Ⅲ.①生活 –
能力培养 – 儿童读物 Ⅳ.①TS976.3-49

中国版本图书馆CIP数据核字（2020）第207232号

著作权合同登记号 图字：11-2018-568号

옷 잘 입는 법
Text copyright © 2017, Jeon Mi Kyeong
Illustration copyright © 2017, Lee Hae Jeong
© GomGom
All Rights Reserved.
This Simplified Chinese edition was published by Zhejiang Science and
Technology Publishing House Co., Ltd. in 2021 by arrangement with
Sakyejul Publishing Ltd. through Imprima Korea & Qiantaiyang Cultural
Development (Beijing) Co., Ltd..

丛 书 名　自信满满生活书
书 　 名　今天我穿什么呢
著 　 者　[韩] 全美敬
绘 　 者　[韩] 李海丁
译 　 者　千太阳

出版发行　**浙江科学技术出版社**
　　　　　杭州市体育场路347号　邮政编码：310006
　　　　　联系电话：0571-85062597
排 　 版　杭州兴邦电子印务有限公司
印 　 刷　浙江新华数码印务有限公司

开 　 本　889×1194　1/16　　　　　印 　 张　3.5
字 　 数　59 000
版 　 次　2021年6月第1版　　　　　印 　 次　2021年6月第1次印刷
书 　 号　ISBN 978-7-5341-9314-9　　　定 　 价　39.80元

责任编辑　陈淑阳　　　　　责任美编　金　晖
责任校对　马　融　　　　　责任印务　田　文